对接世界技能大赛技术标准创新系列
全国职业院校计算机网络应用专业

Web 页面布局实训题集

赵慧慧　主编

中国劳动社会保障出版社

简　介

本书为对接世界技能大赛技术标准创新系列教材 / 全国职业院校计算机网络应用专业教材《Web 页面布局》的配套用书。本书以具体的工作项目为实训载体，根据教材所学内容设置实训项目，实训项目具有可操作性和拓展性，既锻炼了学生的操作技能，又节省了教材中操作内容的篇幅。本书旨在强化学生的专业能力训练，通过分析和完成实训项目，巩固所学知识，提高相应技能。

本书对照教材《Web 页面布局》中四个项目“V 酒店”搜索页面布局、“V 酒店”内容页面布局、“V 酒店”移动端页面布局、“V 酒店”响应式页面布局设置实训项目，主要内容包括登录页面布局、内容页面布局、移动端页面布局和响应式页面布局，每个项目主要从页面规划、页面定义、页面布局及美化三个方面设置前后关联密切的实训任务。

为了方便教师教学，相关数字资源可在技工教育网（http://jg.class.com.cn）下载并使用。

本书由赵慧慧任主编，姚银任副主编，张南、沈田予参与编写，丁国明任主审。

图书在版编目（CIP）数据

Web 页面布局实训题集 / 赵慧慧主编. -- 北京：中国劳动社会保障出版社，2023
对接世界技能大赛技术标准创新系列　全国职业院校计算机网络应用专业
ISBN 978-7-5167-5784-0

Ⅰ. ①W…　Ⅱ. ①赵…　Ⅲ. ①网页制作工具 - 技工学校 - 习题集　Ⅳ. ①TP393.092.2-44

中国国家版本馆 CIP 数据核字（2023）第 006181 号

中国劳动社会保障出版社出版发行
（北京市惠新东街 1 号　邮政编码：100029）

*

北京宏伟双华印刷有限公司印刷装订　　新华书店经销
787 毫米 ×1092 毫米　16 开本　5.25 印张　82 千字
2023 年 2 月第 1 版　　2023 年 2 月第 1 次印刷
定价：15.00 元

营销中心电话：400-606-6496
出版社网址：http://www.class.com.cn
http://jg.class.com.cn

目　录

项目一
“V 酒店”登录页面布局

任务 1
登录页面规划

一、实训任务介绍

“V 酒店”登录页面的效果图已经确定，如图 1-1-1 所示，内容素材也已准备就绪，现需要 Web 前端设计师根据网页效果图分析页面的布局结构，规划页面的制作流程。具体要求如下：

1. 分析登录页面的布局结构。
2. 规划登录页面的制作流程。

图 1-1-1　登录页面效果

二、实训任务分析

要完成本实训任务，应按照图 1-1-2 所示的思维导图复习教材中学到的知识和技能。

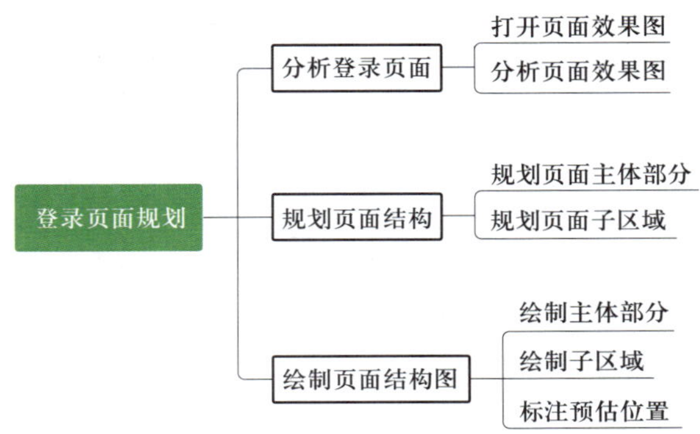

图 1-1-2　任务思维导图

为完成本任务，需要确定页面布局和内容，输入区域内容，完成登录页面的制作流程。

在完成任务的过程中，应学习 HTML 的相关概念、HTML 的特点以及网页标准，明确登录页面的组成部分（标题和内容），确定每个布局区域的大小和元素的尺寸，打开网页编辑软件 Dreamweaver 并新建 index.html，在规划页面按照规划添加页面内容，完成登录页面的制作，并使用网页浏览器进行效果预览，截图保存预览效果图。

三、实训计划制订

根据任务分析，学生通过小组讨论制订本实训任务的实训计划，并填写在表 1-1-1 中。

表 1-1-1　实训计划

序号	工作内容	所需时间

四、操作步骤提示

本实训任务的操作步骤提示见表 1-1-2。

表 1-1-2　操作步骤提示

序号	操作步骤	内容
1	规划区域并标注	登录页面大体分为上下两部分，上一部分为标题，下一部分为内容
2	选择合适的制作工具	选择网页开发工具 Dreamweaver 编辑器
3	制作登录页面	将页面划分为五个子区域，标注每个组成部分的预估位置
4	预览登录页面	使用网页浏览器预览登录页面

五、操作要点记录

在表 1-1-3 中记录本实训任务的操作要点。

表 1-1-3　操作要点记录

序号	操作要点	备注

六、运行与验证记录

参照图 1-1-1 预览页面，排除出现的错误，并在表 1-1-4 中做好记录。

表 1-1-4　运行与验证记录

序号	出现错误	错误原因	处理方法

七、实训评价

本实训任务完成后，学生展示登录页面规划效果，解说在完成任务过程中的心得体会。展示结束后，从职业素养、专业能力、工作成果等方面对该实训任务进行评价，采用自我评价、小组评价、教师评价相结合的多元评价方式，见表 1-1-5。

表 1-1-5　实训评价

<table>
<tr><th rowspan="2">序号</th><th rowspan="2" colspan="2">评价内容</th><th rowspan="2">配分 / 分</th><th colspan="3">评价分数</th></tr>
<tr><th>自我评价（占比 30%）</th><th>小组评价（占比 30%）</th><th>教师评价（占比 40%）</th></tr>
<tr><td>1</td><td colspan="2">对实训任务的分析准确到位</td><td>10</td><td></td><td></td><td></td></tr>
<tr><td>2</td><td colspan="2">软件运用熟练，操作得当</td><td>10</td><td></td><td></td><td></td></tr>
<tr><td>3</td><td colspan="2">能叙述 HTML 的基础知识</td><td>10</td><td></td><td></td><td></td></tr>
<tr><td>4</td><td colspan="2">能叙述主要的网页标准</td><td>20</td><td></td><td></td><td></td></tr>
<tr><td>5</td><td colspan="2">能分析页面结构</td><td>30</td><td></td><td></td><td></td></tr>
<tr><td>6</td><td colspan="2">能正确规划页面的制作流程</td><td>20</td><td></td><td></td><td></td></tr>
<tr><td colspan="2">学生姓名</td><td></td><td colspan="2">综合评分</td><td colspan="2"></td></tr>
<tr><td colspan="2">指导教师</td><td></td><td colspan="2">日期</td><td colspan="2"></td></tr>
</table>

八、巩固与练习

1. 填空题

（1）Sublime Text 编辑器可支持________、________和________三种平台。

（2）网页由________、________和________三部分组成。

（3）浏览器是用来解释网页并显示网页上的________、________、________等信息的软件。

（4）HTML 语言是由____________于 1982 年创立的，目前最新的是__________版本。

（5）________是历史最悠久的浏览器之一。

2. 选择题

（1）下列选项中，（　　）不是浏览器。

A．Internet Explorer　　B．Microsoft Edge

C．Google Chrome　　D．App

（2）下列选项中，（　　）为网页开发工具。

A．Dreamweaver　　B．Sublime Text

C．Notepad++　　D．以上选项都对

（3）HTML 的特点为（　　）。

A．简易性　　B．可扩展性

C．平台无关性　　D．以上选项都对

（4）搜索页面的内容部分主要包括（　　）。

A．搜索内容　　B．搜索设置

C．搜索按钮　　D．以上选项都对

（5）按照网页标准制作网页的意义是（　　）。

A．提高工作效率　　B．易于访问网页

C．易于新产品的推广　　D．以上选项都对

3. 判断题

（1）HTML 是纯文本类型的语言，可以使用任何文本编辑器打开、查看和编辑。（　　）

（2）Notepad++ 是 Windows 操作系统下的一套文本编辑器。（　　）

（3）Dreamweaver 有网页制作功能，也有网站管理功能。（　　）

（4）HTML 通过浏览器来解释，所以与硬件设备所使用的平台有关。（　　）

（5）Microsoft Edge 是微软公司推出的网页浏览器，其用户正在大量增加。（　　）

4. 操作题

根据所给素材，完成图 1-1-3 所示注册信息页面的规划。

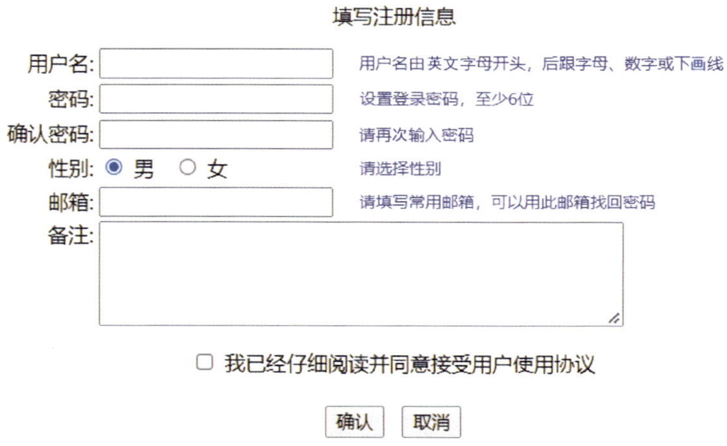

图 1-1-3　注册信息页面

任务 2
登录页面 HTML 定义

一、实训任务介绍

“V 酒店”登录页面的布局结构已确定，内容素材也已准备就绪，现需要 Web 前端设计师使用 HTML 标签定义页面结构及内容，效果如图 1-2-1 所示。具体要求如下：

1. 使用 HTML 标签创建页面的基本框架。
2. 使用 HTML 标签定义页面的布局结构。
3. 使用 HTML 标签定义页面的内容。
4. 预览登录页面，验证 HTML 代码。

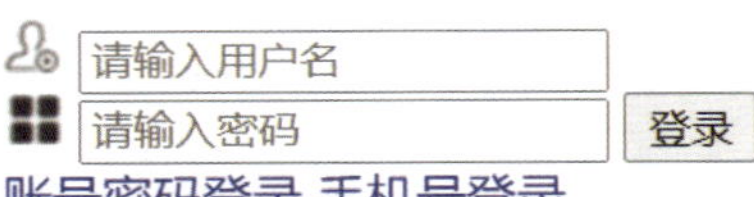

图 1-2-1 “V 酒店”登录页面效果

二、实训任务分析

要完成本实训任务，可按照图 1-2-2 所示的思维导图复习教材中学到的知识和技能。

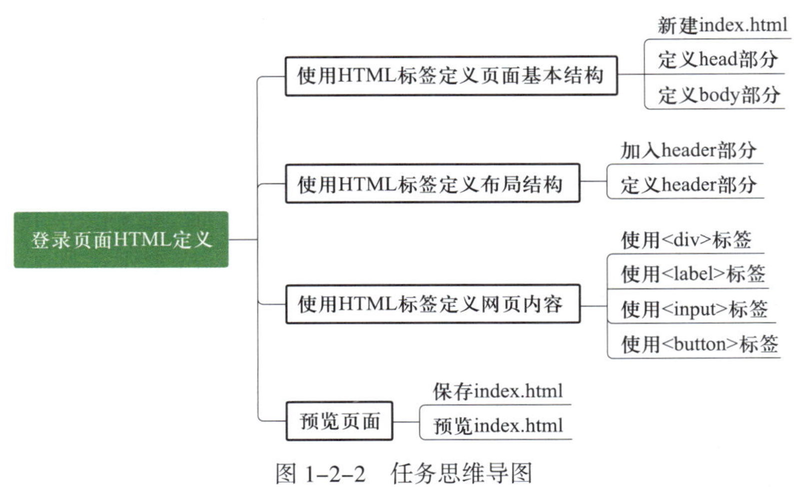

图 1-2-2 任务思维导图

本任务是根据图 1-2-1 所示登录页面的规划，使用 HTML 标签定义登录页面结构，预览登录页面并保存。

在完成任务的过程中，应学习 HTML 标签的布局标签 <html>、<head>、<body>、<div>，文字与段落标签 <p>、<span>、<h1> ~ <h6>，图像标签 <img>，表单标签 <form>，中英文编码格式以及 HTML 代码书写规范等知识。利用已学习的标签知识和代码规范，打开网页编辑工具 Dreamweaver 软件新建一个网页文件 index.html，在代码编辑界面先使用布局标签定义页面结构，再使用内容标签在相应位置输入内容，最后预览登录页面并保存文件 index.html。

三、实训计划制订

根据实训任务分析，学生通过小组讨论制订本实训任务的实训计划，并填写在表 1-2-1 中。

表 1-2-1　实训计划

序号	工作内容	所需时间

四、操作步骤提示

本实训任务的操作步骤提示见表 1-2-2。

表 1-2-2　操作步骤提示

序号	操作步骤	内容
1	定义页面的基本结构	利用 HTML 标签定义页面的基本结构
2	定义页面的布局结构	利用 HTML 标签定义页面的布局结构
3	定义页面的内容	利用 HTML 标签定义页面的内容
4	预览登录页面	在浏览器中打开登录页面文件 index.html 进行预览

五、操作要点记录

在表 1-2-3 中记录本实训任务的操作要点。

表 1-2-3　操作要点记录

序号	操作要点	备注

六、运行与验证记录

运行并验证 HTML 代码，排除出现的错误，并在表 1-2-4 中做好记录。

表 1-2-4　运行与验证记录

序号	出现错误	错误原因	处理方法

七、实训评价

本实训任务完成后，学生展示登录页面 HTML 定义效果，解说在完成任务过程中的心得体会。展示结束后，从职业素养、专业能力、工作成果等方面对该实训任务进行评价，采用自我评价、小组评价、教师评价相结合的多元评价方式，见表 1-2-5。

表 1-2-5　实训评价

<table>
<tr><th rowspan="2">序号</th><th rowspan="2">评价内容</th><th rowspan="2">配分 / 分</th><th colspan="3">评价分数</th></tr>
<tr><th>自我评价（占比 30%）</th><th>小组评价（占比 30%）</th><th>教师评价（占比 40%）</th></tr>
<tr><td>1</td><td>对实训任务的分析准确到位</td><td>10</td><td></td><td></td><td></td></tr>
<tr><td>2</td><td>软件运用熟练，操作得当</td><td>10</td><td></td><td></td><td></td></tr>
<tr><td>3</td><td>能叙述 HTML 标签及属性</td><td>20</td><td></td><td></td><td></td></tr>
<tr><td>4</td><td>能使用 HTML 标签及属性</td><td>20</td><td></td><td></td><td></td></tr>
<tr><td>5</td><td>能使用 HTML 标签定义登录页面结构及内容</td><td>20</td><td></td><td></td><td></td></tr>
<tr><td>6</td><td>能正确预览页面效果</td><td>20</td><td></td><td></td><td></td></tr>
<tr><td>学生姓名</td><td></td><td colspan="2">综合评分</td><td colspan="2"></td></tr>
<tr><td>指导教师</td><td></td><td colspan="2">日期</td><td colspan="2"></td></tr>
</table>

八、巩固与练习

1. 填空题

（1）超链接标签用来定义超链接，包括__________、__________、__________和__________。

（2）HTML 的表单标签是__________，表单在网页中是一个特殊的区域。

（3）__________标签之前通常会有__________标签，用来声明 HTML 文档的解析类型。

（4）__________标签内包含了所有的头部标签元素，如脚本 script、样式文件 CSS 及各种 meta 信息等。

（5）HTML 布局标签主要包括__________、__________、__________、__________等标签。

2. 选择题

（1）下列选项中，（　　）不是图像标签的属性。

A．method　　B．alt

C．height　　D．src

（2）下列选项中，（　　）不是表单标签的属性。

A．name　　B．alt

C．action　　D．method

（3）下列选项中，（　　）不是 <input> 标签的 type 类型。

A．text　　B．button

C．checkbox　　D．以上选项都对

（4）下列选项中，（　　）不是超链接标签的属性。

A．href　　B．title　　C．action　　D．target

（5）下列选项中，（　　）是常用服务。

A．WWW　　B．FTP

C．Telnet　　D．以上选项都对

3. 判断题

（1）页面如果没有 DOCTYPE 的声明，浏览器则按照自己的方式解析并渲染页面，因此，在不同的浏览器中会显示相同的样式。（　　）

（2）<link> 标签用来定义一个文档与外部资源之间的关系，最常见的用途是链接样式表。（　　）

（3）meta 元素用于页面的描述，可提供有关页面的元信息，该标签有结束标签。（　　）

（4）Java script 的常见应用是图像操作、表单验证以及静态内容更新。（　　）

（5）HTML 的图像标签是 <img>，用来在网页中插入图片。（　　）

4. 操作题

根据所给素材，使用 HTML 标签完成图 1-2-3 所示的注册信息页面 HTML 定义。

填写注册信息

用户名:　用户名由英文字母开头，后跟字母、数字或下画线

密码:　设置登录密码，至少6位

确认密码:　请再次输入密码

性别: 男　女　请选择性别

邮箱:　请填写常用邮箱，可以用此邮箱找回密码

备注:

我已经仔细阅读并同意接受用户使用协议

确认　取消

图 1-2-3　注册信息页面

任务 3
登录页面 CSS 美化

一、实训任务介绍

“V 酒店”登录页面结构已经定义完毕，内容素材也已添加完成，现需要 Web 前端设计师使用 CSS 控制 HTML 标签，修饰页面布局，根据提供的素材，得到图 1-1-1 所示的效果图，具体要求如下：

1. 引入 CSS 文件实现页面布局。
2. 预览“V 酒店”登录页面，验证 CSS 代码。

二、实训任务分析

要完成本实训任务，应按照图 1-3-1 所示的思维导图复习教材中学到的知识和技能。

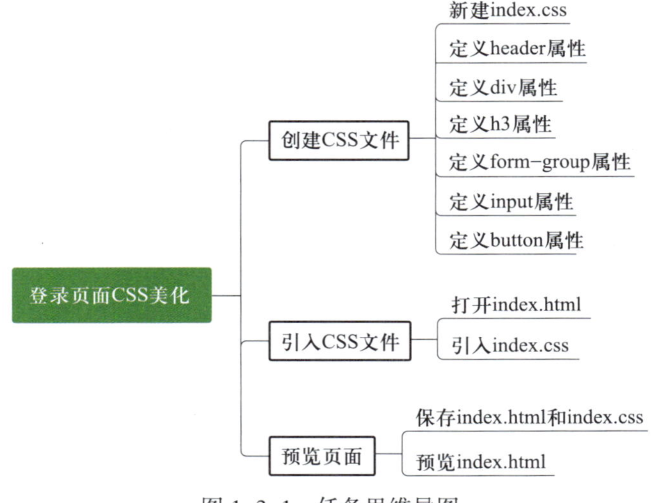

图 1-3-1　任务思维导图

本任务是在前面任务 2 所完成的“V 酒店”登录页面结构的基础上，使用 CSS 控制 HTML 标签，修饰页面布局，最终实现图 1-1-1 所示的“V 酒店”登录页面效果。

在完成任务的过程中，应学习 CSS 的概念和作用，注意 CSS 三种不同的引入方式（内联式、嵌入式、外联式）以及这三种方式的应用场合。打开任务 2 已保存的文件 index.html，在此基础上新建 index.css 样式表，根据图 1-1-1 所示登录页面效果，设置合适的样式，并将其引入 index.html 中，最后预览并重新保存 index.html。

三、实训计划制订

根据任务分析，学生通过小组讨论制订本实训任务的实训计划，并填写在表 1-3-1 中。

表 1-3-1　实训计划

序号	工作内容	所需时间

四、操作步骤提示

本实训任务的操作步骤提示见表 1-3-2。

表 1-3-2　操作步骤提示

序号	操作步骤	内容
1	引入 CSS 文件实现页面布局	在 CSS 文件夹中找到 index.css 的样式文件，并引入 index.html 文件中
2	预览登录页面，验证 CSS 代码	在浏览器中打开登录页面文件 index.html 进行预览

五、操作要点记录

在表 1-3-3 中记录本实训任务的操作要点。

表 1-3-3　操作要点记录

序号	操作要点	备注

六、运行与验证记录

运行并验证 CSS 代码，排除出现的错误，并在表 1-3-4 中做好记录。

表 1-3-4　运行与验证记录

序号	出现错误	错误原因	处理方法

七、实训评价

本实训任务完成后，学生展示登录页面 CSS 美化效果，解说在完成任务过程中的心得体会。展示结束后，从职业素养、专业能力、工作成果等方面对该实训任务进行评价，采用自我评价、小组评价、教师评价相结合的多元评价方式，见表 1-3-5。

表 1-3-5　实训评价

序号	评价内容	配分 / 分	评价分数		
			自我评价（占比 30%）	小组评价（占比 30%）	教师评价（占比 40%）
1	对实训任务的分析准确到位	10			
2	软件运用熟练，操作得当	10			
3	能叙述 CSS 的概念和作用	10			

续表

序号	评价内容	配分 / 分	评价分数		
			自我评价（占比 30%）	小组评价（占比 30%）	教师评价（占比 40%）
4	能叙述 CSS 的三种引入方式	20			
5	能使用 CSS 布局登录页面	30			
6	能正确预览页面效果	20			
学生姓名		综合评分			
指导教师		日期			

八、巩固与练习

1. 填空题

（1）CSS 的引入主要有__________、__________和__________三种方式。

（2）如果有多个 CSS 样式设置，可以将代码一起写在_________属性中，中间用分号隔开。

（3）CSS 可以通过__________使网页有任意样式切换的效果。

（4）CSS 的外部样式表能________需要上传的代码数量。

（5）层叠样式表 CSS 是一种用来表现_______或______等文件样式的计算机语言。

2. 选择题

（1）下列选项中，（　　）不属于 CSS 的引入方式。

A．内联式引入　　B．嵌入式引入

C．导入式引入　　D．外联式引入

（2）层叠样式表“Cascading Style Sheets”的英文缩写为（　　）。

A．CSS　　B．CAS

C．CSH　　D．CST

（3）下列关于 CSS 作用的说法中正确的是（　　）。

A．美化网页　　B．控制排版

C．结构与样式分离　　D．以上选项都对

（4）（　　）方式适用于将样式应用到很多页面的情况，可以通过改变一个 CSS

文件来改变整个站点的外观。

A. 内联式引入　　B. 嵌入式引入

C. 导入式引入　　D. 外联式引入

3. 判断题

（1）CSS 可以精确控制网页中元素位置的排版、内容形式和像素的级别。（　　）

（2）内联式引入方式不会将网页表现和内容放在一起。（　　）

（3）CSS 的外部样式表不能被浏览器保存在缓存里。（　　）

（4）嵌入式引入方式不能同时应用于多个相同标签元素。（　　）

（5）外联式引入方式可以做到代码分离。（　　）

4. 操作题

根据所给素材，完成图 1–1–3 所示注册信息页面的 CSS 美化。

项目二
“校园网”内容页面布局

任务 1
内容页面规划

一、实训任务介绍

为了更好地展示学校形象和推进校园信息化建设，某学校计划对现有网站进行页面改版。为了后续开发工作的顺利开展，现要求网站的 Web 前端开发工程师根据网页效果图进行页面规划，内容页面的网页效果如图 2-1-1 所示。对内容页面的规划要求具体如下：

1. 明确内容页面的组成。
2. 选择合适的布局结构。
3. 明确内容页面的制作流程。

二、实训任务分析

要完成本实训任务，应按照图 2-1-2 所示的思维导图复习教材中学到的知识和技能。

为完成任务，需先根据图 2-1-1 所示内容页面的网页效果，确定内容页面主题及主题色，搜集材料，规划内容页面结构，选择合适的制作工具制作内容页面。

在完成任务的过程中，在确定内容页面主题及主题色时，注意页面要有一个明确的主题，明确了页面主题以后，应围绕主题开始搜集材料。在规划内容页面时，应考虑页面内容和页面布局。此外，在完成任务的过程中，应注意内容页面的整体布局效果。

图 2-1-1　内容页面的网页效果

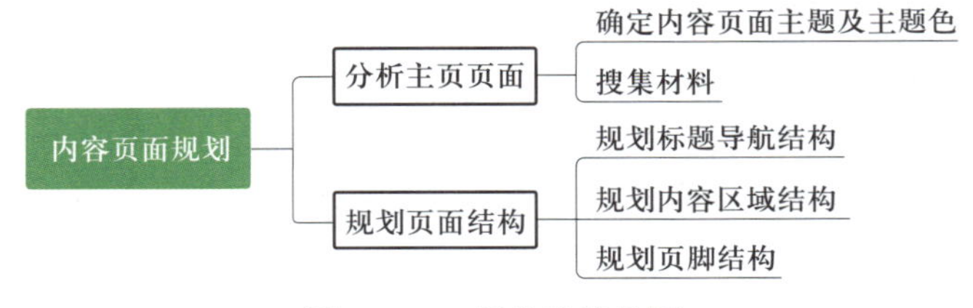

图 2-1-2　任务思维导图

三、实训计划制订

根据实训任务分析，学生通过小组讨论制订本实训任务的实训计划，并填写在表 2-1-1 中。

表 2-1-1　实训计划

序号	工作内容	所需时间

四、操作步骤提示

本实训任务的操作步骤提示见表 2-1-2。

表 2-1-2　操作步骤提示

序号	操作步骤	内容
1	明确内容页面主题及主题色	明确内容页面的主题，应与整个网站的主题相匹配
2	搜集材料	围绕主题搜集材料
3	规划内容页面	确定页面内容及页面布局
4	选择合适的制作工具	根据内容呈现选取工具
5	制作内容页面	按照规划添加页面的内容，修饰相应内容，制作内容页面
6	测试内容页面	使用专业工具进行页面测试

五、操作要点记录

在表 2-1-3 中记录本实训任务的操作要点。

表 2-1-3　操作要点记录

序号	操作要点	备注

六、运行与测试记录

页面制作完成后，对页面进行运行与测试，排除出现的错误，并在表 2-1-4 中做好记录。

表 2-1-4　运行与测试记录

序号	出现错误	错误原因	处理方法

七、实训评价

本实训任务完成后，学生展示内容页面规划效果，解说在完成任务过程中的心得体会。展示结束后，从职业素养、专业能力、工作成果等方面对该实训任务进行评价，采用自我评价、小组评价、教师评价相结合的多元评价方式，见表 2-1-5。

表 2-1-5　实训评价

序号	评价内容	配分 / 分	评价分数		
			自我评价（占比 30%）	小组评价（占比 30%）	教师评价（占比 40%）
1	对实训任务的分析准确到位	10			
2	软件运用熟练，操作得当	10			
3	能叙述内容页面的概念	10			
4	能叙述内容页面的组成	20			
5	能根据网页效果图分析内容页面	30			
6	能构建内容页面结构	20			
学生姓名		综合评分			
指导教师		日期			

八、巩固与练习

1. 填空题

（1）内容页面主要由________、________、________、________等版块组成。

（2）________是对一个网页内容的高度概括，包含网页最核心的关键词，通常处在网页最醒目的地方。

（3）导航是网页的重要组成部分，是网页各栏目内容访问入口的________。

（4）内容的布局是整个页面布局的________，在整个页面中占据的篇幅最多，最引人注目。

（5）内容页面规划包含页面内容及__________的确定，在制作页面之前把这些方面都考虑到，才能制作出有个性、有特色、有吸引力的页面。

2. 选择题

（1）下列选项中，（　　）不属于内容页面布局结构的类型。

A. 国字型　　B. 拐角型　　C. 随意型　　D. 标题正文型

（2）在内容页面上，色彩搭配应与网页主题呼应，主题颜色控制在（　　）种，并且采用同一种标准色。

A. 2 ~ 3　　B. 6 ~ 7　　C. 7 ~ 8　　D. 9 ~ 10

（3）在制作内容页面前，需要画出内容页面的布局（　　），这对于制作出好的内容页面非常重要。

A. 结构图　　B. 样图　　C. 彩图　　D. 草图

（4）一个页面要有（　　）明确的主题，内容页面的主题应与整个网站的主题相匹配，但内容页面也是独立的页面，因此，找准内容页面的侧重点，做出自己的特色，才能给用户留下深刻的印象。

A. 一个　　B. 两个　　C. 三个　　D. 多个

（5）页面制作完成后，应使用专业的测试工具进行（　　），判断页面中包含的功能是否准确，并进行必要的修改。

A. 页面布局　　B. 页面分析　　C. 页面规划　　D. 页面测试

3. 判断题

（1）内容页面是用户通过查找或选择而打开的网页，该页面呈现的是用户需要浏览的详细内容。（　　）

（2）标题是不影响网页搜索关键词排名最直接的因素。（　　）

（3）导航是网页的重要组成部分，是网页各栏目内容访问入口的集合。（　　）

（4）内容是网页的基本组成部分，是网页要展示的具体信息。（　　）

（5）页脚是网页底部区域，通常包含版权信息、联系方式等。（　　）

4. 操作题

根据所给素材，完成图 2-1-3 所示书店网站首页内容页面规划。

布克书店 偏安一隅 静静阅读

店内展示

读书切戒在慌忙，涵泳工夫兴味长；未晓不妨权放过，切身须要急思量。

What one describes in the books is one' s thought in his mind. The personality of a book is that of the author.

苏格拉底是古希腊著名的思想家、哲学家、教育家，他和他的学生柏拉图以及柏拉图的学生亚里士多德被并称为“古希腊三贤”，更被后人广泛认为是西方哲学的奠基者。苏格拉底被称为西方的孔子，这是因为他们都开创了一个新的时代，这个时代并不是靠军事或政治的力量所成就的，而是透过理性，对人的生命作透彻地了解，从而引导出一种新的生活态度。

1. 世间最珍贵的不是“得不到”和“已失去”，而是现在能把握的幸福。 2. 想左右天下的人，须先能左右自己。 3. 当许多人在一条路上徘徊不前时，他们不得不让开一条大路，让那珍惜时间的人赶到他们的前面去。

品质保障 | 七天无理由退换货 | 特色服务体验 | 帮助中心

店主：Alain_tong

不如意的时候不要尽往悲伤里钻，想想有笑声的日子吧！

也许这只是秋季里的一场游戏？

图 2-1-3　书店网站首页内容页面

任务 2
内容页面 HTML 定义

一、实训任务介绍

通过 Web 前端设计师的规划，某校园网内容页面的布局结构已确定，内容素材也已准备就绪，现需要 Web 前端设计师使用 HTML 语义化标签定义页面结构，实现图 2-2-1 所示的网页效果。具体要求如下:

1. 使用 HTML 语义化标签定义页面整体结构。
2. 使用 HTML 语义化标签定义内容页面的组成部分。
3. 规范化编写 HTML 语义化标签。

二、实训任务分析

要完成本实训任务，可按照图 2-2-2 所示的思维导图复习教材中学到的知识和技能。

为完成任务，需根据图 2-2-1 所示的内容页面 HTML 定义效果，使用 HTML 语义化标签定义校园网网页、页面结构、标题导航部分、主要内容部分和页脚部分。

在完成任务的过程中，在定义页面结构时，注意 HTML 语义化标签的使用方法，<header> 标签用于定义页面的介绍展示区域; <main> 标签用于定义页面的主要内容，一个页面只能使用一次; <footer> 标签用于定义文档的底部区域。

三、实训计划制订

根据任务分析，学生小组讨论制订本实训任务的实训计划，并填写在表 2-2-1 中。

- 人才培养
- 教学研究
- 招生就业

- 导航
- 统一身份证
- 学校邮箱

- 

- 1
- 2
- 3
- 4

 学校宣传片

东环校区
学校学科设置较为齐全，学科专业特色鲜明。学校以工科专业为主，致力于为国家培养专业技术人才

西环校区
学校人才培养体系健全，培养质量不断提高，专业人才培养以学生为中心

more

 历史沿革

校园历史
中山大学陆家海教授团队一行来校交流
韶关学院举行2022秋季技能大赛

校园辉煌
我院学子在第十七届全国大学生智能汽车竞赛中勇夺桂冠

more

 学校概况

信息中心
人事处网站。人事处是负责全校人事、编制、劳资、师资、职称等工作的职能部门

部门管理
教务处网站。教务处是负责学校教育教学管理的职能部门

more

校园一角

我校最新资讯

我校党史学习教育情境党课《心中明灯》成功首演！

[ ] 搜索

感谢支持 | 友情链接
国家机关 区直机关 教育资源 学术研究 新闻媒体 兄弟院校

图 2-2-1　内容页面 HTML 定义效果

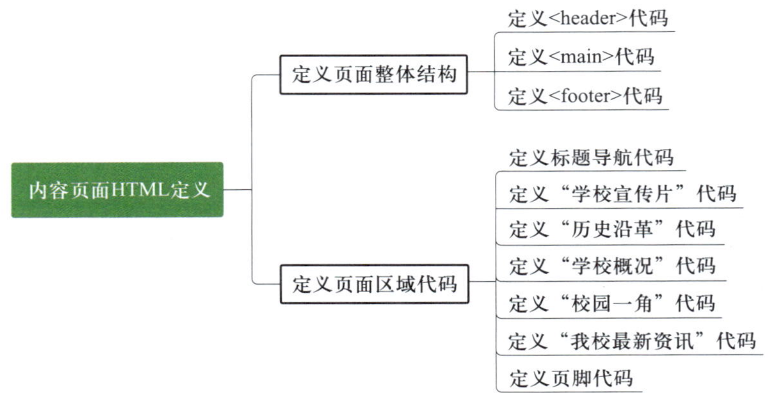

图 2-2-2　任务思维导图

表 2-2-1　实训计划

序号	工作内容	所需时间

四、操作步骤提示

本实训任务的操作步骤提示见表 2-2-2。

表 2-2-2　操作步骤提示

序号	操作步骤	内容
1	定义页面整体结构	注意内容页面的主题应与整个网站的主题相匹配
2	定义标题导航部分	定义页面的导航链接部分
3	定义页面主要内容部分	定义“学校宣传片”“历史沿革”“学校概况”“校园一角”“我校最新资讯”部分
4	定义页脚部分	定义文档的底部区域

五、操作要点记录

在表 2-2-3 中记录本实训任务的操作要点。

表 2-2-3　操作要点记录

序号	操作要点	备注

六、运行与测试记录

页面制作完成后，对页面进行运行与测试，排除出现的错误，并在表 2-2-4 中做好记录。

表 2-2-4　运行与测试记录

序号	出现错误	错误原因	处理方法

七、实训评价

任务完成后，学生展示作品，解说在完成任务过程中的心得体会。展示结束后，可以从职业素养、专业能力、工作成果等方面对该实训任务进行评价，采用自我评价、小组评价、教师评价相结合的多元评价方式，见表 2-2-5。

表 2-2-5　实训评价

序号	评价内容	配分 / 分	评价分数		
			自我评价（占比 30%）	小组评价（占比 30%）	教师评价（占比 40%）
1	对实训任务的分析准确到位	10			
2	软件运用熟练，操作得当	10			
3	能叙述语义化标签的概念及作用	10			
4	能叙述常见的 HTML 语义化标签及其属性	10			
5	能使用 HTML 语义化标签定义页面整体结构	20			
6	能使用 HTML 语义化标签定义内容页面的组成部分	20			
7	能正确预览页面效果	20			
学生姓名		综合评分			
指导教师		日期			

八、巩固与练习

1. 填空题

（1）语义化标签是指能够________________的标签。

（2）<article> 标签可以认为是特殊的______________。

（3）<header> 标签用于定义页面的______________。

（4）语义化标签的使用有利于搜索引擎对网页内容的搜索，能提高网页的________。

（5）<aside> 标签用于定义与主要内容相关的内容块，通常显示为____________。

2. 选择题

（1）下列选项中不属于 HTML 语义化标签的是（　　）标签。

A. <header>　　B. <main>

C. <footer>　　D. <h1>

（2）<main> 标签用来定义页面的主要内容，一个页面可以使用（　　）次。

A. 1　　　　B. 2

C. 3　　　　D. 多

（3）下列 HTML 标记中属于非成对标记的是（　　）。

A. <li>　　　　B. <ul>

C. <p>　　　　D. <font>

（4）<main> 标签用于定义页面的（　　）内容。

A. 头部　　　　B. 侧边

C. 页脚　　　　D. 主要

（5）<footer> 标签用于定义页面的（　　）区域。

A. 头部　　　　B. 侧边

C. 底部　　　　D. 主要

3. 判断题

（1）<nav> 标签用于定义页面的导航链接部分区域。（　　）

（2）语义化标签不能让代码结构更加清晰。（　　）

（3）class 属性为 HTML 的全局属性，规定了元素的类名，用于指向 CSS 样式表中的类，class 类名不能以数字开头。（　　）

（4）<article> 标签更加强调独立性，但语义不明确。（　　）

（5）<section> 标签虽然具有一定的独立性，但更加强调对完整的内容划分区块。（　　）

4. 操作题

根据所给素材，完成图 2-2-3 所示书店网站首页内容页面 HTML 定义。

布克书店 ***偏安一隅 静静阅读***

店内展示

读书切戒在慌忙，涵泳工夫兴味长；未晓不妨权放过，切身须要急思量。

What one describes in the books is one' s thought in his mind. The personality of a book is that of the author.

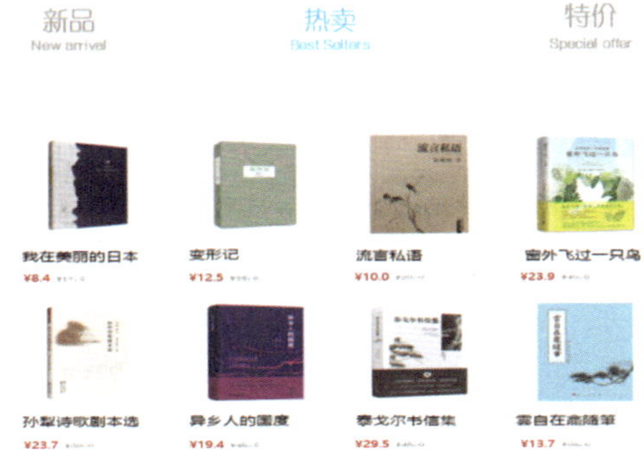

苏格拉底是古希腊著名的思想家、哲学家，教育家，他和他的学生柏拉图以及柏拉图的学生亚里士多德被并称为“古希腊三贤”，更被后人广泛认为是西方哲学的奠基者。苏格拉底被称为西方的孔子，这是因为他们都开创了一个新的时代，这个时代并不是靠军事或政治的力量所成就的，而是透过理性，对人的生命作透彻地了解，从而引导出一种新的生活态度。

1. 世间最珍贵的不是“得不到”和“已失去”，而是现在能把握的幸福。 2. 想左右天下的人，须先能左右自己。 3. 当许多人在一条路上徘徊不前时，他们不得不让开一条大路，让那珍惜时间的人赶到他们的前面去。

品质保障 | 七天无理由退换货 | 特色服务体验 | 帮助中心

店主：Alain_tong

不如意的时候不要尽往悲伤里钻，想想有笑声的日子吧!

也许这只是秋季里的一场游戏？

图 2-2-3　书店网站首页内容页面 HTML 定义

任务 3
内容页面 CSS 美化

一、实训任务介绍

Web 前端设计师已使用 HTML 语义化标签定义了某校园网站内容页面结构，现需要进一步使用 CSS 布局及美化页面，完成后的某校园网站内容页面效果如图 2-1-1 所示。具体要求如下：

1. 使用 CSS 样式表进行布局。
2. 使用 CSS 样式表美化页面。
3. 规范化编写 CSS 样式表。

二、实训任务分析

要完成本实训任务，应按照图 2-3-1 所示的思维导图复习教材中学到的知识和技能。

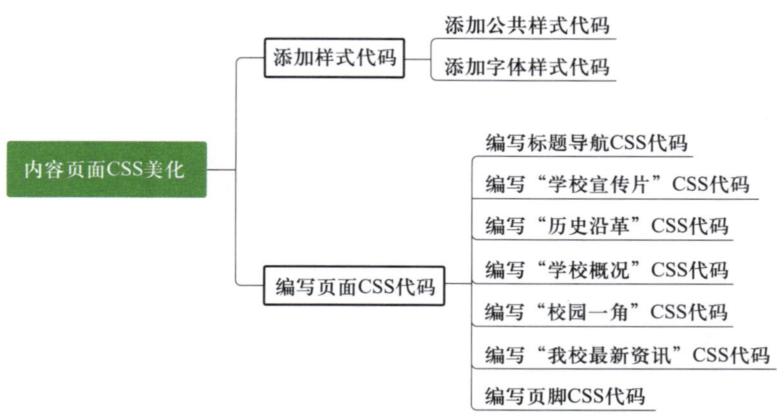

图 2-3-1　任务思维导图

为完成任务，需根据图 2-1-1 所示的内容页面网页效果，使用 CSS 控制 HTML 语义化标签，添加公共样式代码和字体样式代码，用 CSS 布局页面结构、标题导航部分、主要内容部分和页脚部分，完成 CSS 布局后，在浏览器中预览网页效果。

在完成任务的过程中，应注意 CSS 的语法结构、CSS 选择器的类型、CSS 的常用属性以及 CSS 的样式书写规范。CSS 样式采用 UTF-8 编码，必须定义在 CSS 文件所有字符的前面才能生效。选择器的命名应简洁且语义化，尽量使用英文字母来命名，不要用纯数字、中文等命名。此外，在完成任务的过程中，应注意 CSS 选择器的使用方法。

三、实训计划制订

根据任务分析，学生通过小组讨论制订本实训任务的实训计划，并填写在表 2-3-1 中。

表 2-3-1　实训计划

序号	工作内容	所需时间

四、操作步骤提示

本实训任务的操作步骤提示见表 2-3-2。

表 2-3-2　操作步骤提示

序号	操作步骤	内容
1	添加公共样式	为页面添加公共样式代码
2	添加字体样式	设置页面的字体样式
3	用 CSS 布局页面结构	设置页面结构

续表

序号	操作步骤	内容
4	用 CSS 布局页面主要内容部分	分别为“学校宣传片”“历史沿革”“学校概况”“校园一角”“我校最新资讯”添加样式
5	用 CSS 布局页脚部分	为页脚添加样式

五、操作要点记录

在表 2-3-3 中记录本实训任务的操作要点。

表 2-3-3　操作要点记录

序号	操作要点	备注

六、运行与测试记录

页面制作完成后，对页面进行运行与测试，排除出现的错误，并在表 2-3-4 中做好记录。

表 2-3-4　运行与测试记录

序号	出现错误	错误原因	处理方法

七、实训评价

本实训任务完成后，学生展示内容页面 CSS 美化效果，解说在完成任务过程中的心得体会。展示结束后，从职业素养、专业能力、工作成果等方面对该实训项目进行评价，采用自我评价、小组评价、教师评价相结合的多元评价方式，见表 2-3-5。

表 2-3-5　实训评价

序号	评价内容	配分 / 分	评价分数		
			自我评价（占比 30%）	小组评价（占比 30%）	教师评价（占比 40%）
1	对实训任务的分析准确到位	10			
2	软件运用熟练，操作得当	10			
3	能叙述 CSS 的基本语法	10			
4	能叙述 CSS 的常用属性	20			
5	能叙述 CSS 样式书写规范	20			
6	能使用 CSS 布局并美化内容页面结构	20			
7	能正确预览页面效果	10			
学生姓名		综合评分			
指导教师		日期			

八、巩固与练习

1. 填空题

（1）CSS 的语法结构由＿＿＿＿＿＿、＿＿＿＿＿＿和＿＿＿＿＿三部分组成。

（2）通用选择器用＿＿＿＿＿来表示。

（3）类选择器根据类名来选择，前面以符号＿＿＿＿来标识。

（4）ID 选择器根据标签 ID 来命名，前面以符号＿＿＿＿来标识。

（5）CSS 提供了丰富的样式属性，如颜色、大小、定位、＿＿＿＿＿＿等。

2. 选择题

（1）下列选项中不属于 CSS 选择器的是（　　）选择器。

A. 标签　　B. ID　　C. 文本　　D. 类

（2）CSS 语法结构中的值是指（　　）的值。

A．样式属性　　B．标签　　C．结构　　D．页面

（3）CSS 语法结构中的值有两种形式，一种是指定范围的值，另一种是（　　）。

A．库　　B．数值

C．模板　　D．每个页面单独设计

（4）在 HTML 中，可以通过（　　）属性来引用上面定义的样式。

A．name　　B．HTML　　C．class　　D．head

（5）使用 HTML 元素的 ID 来选择元素具有唯一性，同一个 ID 在同一文档页面中能出现（　　）次。

A．多　　B．三　　C．两　　D．一

3. 判断题

（1）选择器是指一组样式编码所应用的对象，可以是一个 HTML 标签，也可以是定义了特定 ID 或 class 的标签。（　　）

（2）样式属性不是 CSS 样式控制的核心。（　　）

（3）CSS 可以通过标签选择器来定义 HTML 标签的样式。（　　）

（4）ID 选择器用于定义标有 ID 的 HTML 元素样式。（　　）

（5）font-size 用于设置文字的字体。（　　）

4. 操作题

根据所给素材，使用 CSS 样式表美化图 2-2-3 所示书店网站首页内容页面。

任务 4
使用 W3C 标准工具测试页面

一、实训任务介绍

通过使用 HTML 标签定义页面结构，使用 CSS 布局及美化页面，某校园网站内容页面已完成制作，现需要 Web 前端设计师使用 W3C 标准工具测试页面。具体要求如下：

1. 使用 W3C 标准工具测试 HTML 网页。
2. 使用 W3C 标准工具测试 CSS 网页。

二、实训任务分析

要完成本实训任务，可按照图 2-4-1 所示的思维导图复习教材中学到的知识和技能。

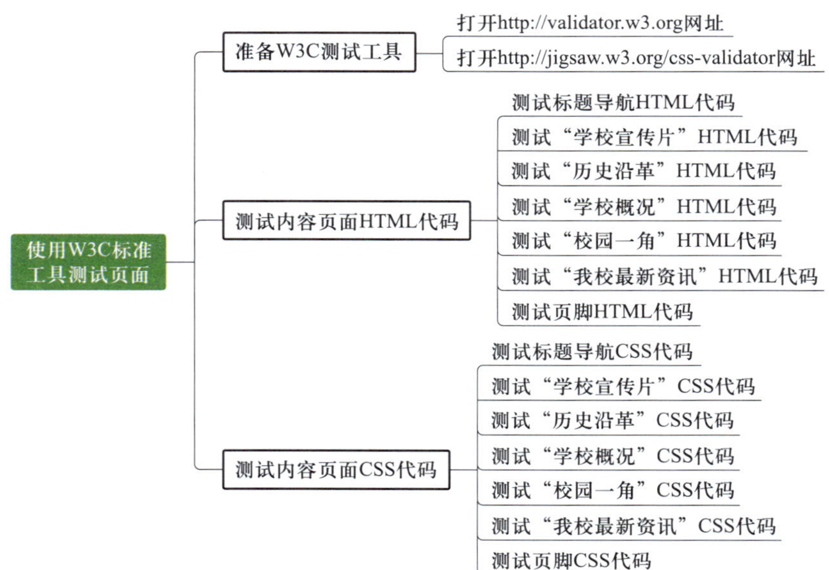

图 2-4-1　任务思维导图

为完成任务，需使用 W3C 标准工具测试本实训项目任务 2 中的 HTML 网页代码和任务 3 中的 CSS 网页代码，并对出现的错误进行修正。

在完成任务的过程中，应注意 W3C 标准工具的选择，测试 HTML 网页代码应选择 HTML 测试工具，测试 CSS 网页代码应选择 CSS 测试工具，每种测试工具有通过 URL 网址验证、通过文件上传验证、通过直接输入验证三种验证方式，可以根据实际需求选择合适的验证方法。

三、实训计划制订

根据实训任务分析，学生通过小组讨论制订本实训任务的实训计划，并填入表 2-4-1 中。

表 2-4-1　实训计划

序号	工作内容	所需时间

四、操作步骤提示

本实训任务的操作步骤提示见表 2-4-2。

表 2-4-2　操作步骤提示

序号	操作步骤	内容
1	使用测试工具检测页面结构	检测页面结构的定义代码
2	使用测试工具检测页面主要内容部分	检测“学校宣传片”“历史沿革”“学校概况”“校园一角”“我校最新资讯”的 HTML 和 CSS 代码
3	使用测试工具检测页脚部分	检测页脚的 HTML 和 CSS 代码

五、操作要点记录

在表 2-4-3 中记录本实训任务的操作要点。

表 2-4-3　操作要点记录

序号	操作要点	备注

六、运行与测试记录

使用 W3C 标准工具测试 HTML 网页和 CSS 网页，排除出现的错误，并在表 2-4-4 中做好记录。

表 2-4-4　运行与测试记录

序号	出现错误	错误原因	处理方法

七、实训评价

本实训任务完成后，学生展示使用 W3C 标准工具测试页面效果，解说在完成任务过程中的心得体会。展示结束后，从职业素养、专业能力、工作成果等方面对该实训任务进行评价，采用自我评价、小组评价、教师评价相结合的多元评价方式，见表 2-4-5。

表 2-4-5　实训评价

序号	评价内容	配分 / 分	评价分数		
			自我评价（占比 30%）	小组评价（占比 30%）	教师评价（占比 40%）
1	对实训任务的分析准确到位	10			
2	软件运用熟练，操作得当	10			

续表

序号	评价内容	配分 / 分	评价分数		
			自我评价（占比 30%）	小组评价（占比 30%）	教师评价（占比 40%）
3	能列举 W3C 标准的概念	20			
4	能列举 W3C 测试工具	20			
5	能使用 W3C 标准工具测试页面	20			
6	能对网页的常见错误进行修正	20			
学生姓名		综合评分			
指导教师		日期			

八、巩固与练习

1. 填空题

（1）W3C 即________________，是____。

（2）常用 W3C 在线测试工具有________________________和____________________________________。

（3）W3C 标准是 W3C 已发布的一系列 Web 技术标准，常见的有超文本标记语言 HTML 和____________________。

（4）HTML 测试工具主要包括____________________、____________________和__________________三种验证方式验证 HTML。

（5）CSS 测试工具主要包括____________________、____________________和__________________三种验证方式验证 CSS。

2. 选择题

（1）通过 URL 网址验证是在 Address 地址栏中输入需检测的（　　）。

A．源码　　B．文件

C．网址　　D．图片

（2）代码 <!DOCTYPE html PUBLIC "-//W3C//DTD XHTML 1.0 Frameset//EN" "http://www.w3.org/TR/xhtml1/DTD/xhtml1-frameset.dtd"> 属于（　　）文档类型声明。

A．过渡的　　B．严格的

C．框架的　　D．自由的

（3）XHTML 是 HTML 向 XML 过渡的标识语言，它需要符合 XML 的文档规则，因此，也需要定义（　　）。

A．页面布局　　B．头部声明

C．标签内容　　D．命名空间

（4）在 HTML 中，可以不用给属性值加引号，但是在 XHTML 中，必须给它们加（　　）。

A．引号　　B．括号

C．感叹号　　D．句号

（5）HTML 5.0 中已经简化了 DOCTYPE 的声明，直接使用（　　）。

A．<!DOCTYPE HTML>　　B．<!DOCTYPE>

C．<!HTML>　　D．<DOCTYPE HTML>

3. 判断题

（1）W3C 测试工具专门用作验证网站代码是否符合 W3C 标准。（　　）

（2）DOCTYPE 是 Document Type 的简写，主要用来说明 XHTML 或 HTML 的版本。（　　）

（3）DOCTYPE 声明无须放在每一个 XHTML 文档的最顶部。（　　）

（4）每张图片都带有属于自己的 alt 属性。（　　）

4. 操作题

使用 W3C 标准对本实训项目任务 2 操作题编写的 HTML 代码和任务 3 操作题编写的 CSS 代码进行测试。

项目三
“环境保护宣传页”移动端页面布局

任务 1
移动端页面规划

一、实训任务介绍

网页 UI 设计师完成了“环境保护宣传页”移动端效果设计，如图 3-1-1 所示。Web 前端设计师为了高效完成页面布局和开发工作，需要在效果图上进行标注。具体要求如下：

图 3-1-1　环境保护宣传页

1. 使用距离标注、区域标注、坐标点标注工具标注元素宽度、高度和内外边距。

2. 使用颜色标注工具标注背景颜色和字体颜色。

3. 使用文字标注工具标注模块名称和备注信息。

4. 画出页面结构分析图。

二、实训任务分析

要完成本实训任务，应按照图 3-1-2 所示的思维导图复习教材中学到的知识和技能。

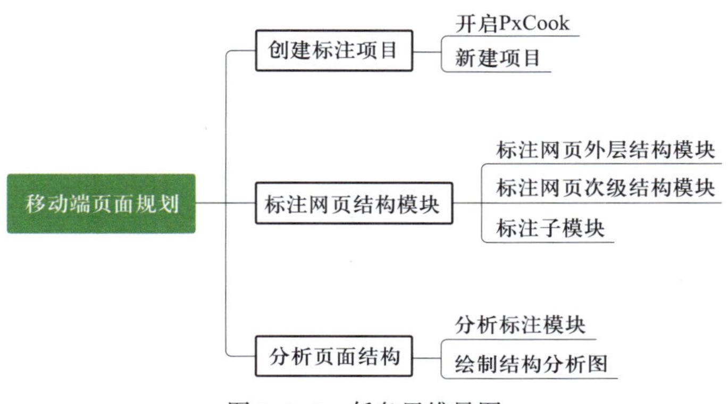

图 3-1-2　任务思维导图

本实训任务是根据教材项目三任务 1 中所学习的标注软件的相关知识，包括标注软件的概念及作用、常用的标注软件和标注软件的使用方法，选用合适的标注软件，在效果图或参考图上进行标注，分别使用距离标注工具、区域标注工具、颜色标注工具、文字标注工具、坐标点标注工具等实现距离测量、区域规划、颜色标注、文字标注和坐标点标注等。此外，在完成任务的过程中，应注意使用标注工具实现页面结构的分析。

三、实训计划制订

根据实训任务分析，学生通过小组讨论制订完成本实训任务的实训计划，并填写在表 3-1-1 中。

表 3-1-1　实训计划

序号	工作内容	所需时间

四、操作步骤提示

本实训任务的操作步骤提示见表 3-1-2。

表 3-1-2　操作步骤提示

序号	操作步骤	内容
1	创建标注项目	打开 PxCook，新建项目，输入本项目名称“环境保护宣传页”，选择“Web”作为代码输出，单击“创建本地项目”
2	标注网页外层结构模块	网页最外层分为主体外框模块和脚部模块
3	标注网页次级结构模块	标注主体背景的次级模块
4	标注子模块	标注头部导航模块、轮播图模块、主要内容模块、主要内容模块的子模块
5	画出移动端页面的结构分析图	根据标注模块，画出“环境保护宣传页”移动端页面的结构分析图

五、操作要点记录

在表 3-1-3 中记录本实训任务的操作要点。

表 3-1-3　操作要点记录

序号	操作要点	备注

六、运行与标注记录

运行标注软件进行标注，排除出现的错误，并在表 3-1-4 中做好记录。

表 3-1-4　运行与标注记录

序号	出现错误	错误原因	处理方法

七、实训评价

本实训任务完成后，学生展示移动端页面规划效果，解说在完成任务过程中的心得体会。展示结束后，从职业素养、专业能力、工作成果等方面对该实训任务进行评价，采用自我评价、小组评价、教师评价相结合的多元评价方式，见表 3-1-5。

表 3-1-5　实训评价

序号	评价内容	配分 / 分	评价分数		
			自我评价（占比 30%）	小组评价（占比 30%）	教师评价（占比 40%）
1	对实训任务的分析准确到位	10			
2	软件运用熟练，操作得当	10			
3	能叙述标注软件的概念及作用	10			
4	能正确使用常用的标注软件	10			
5	能正确使用标注软件在“环境保护宣传页”移动端网页效果图上标注页面结构和元素	40			
6	能正确预览标注效果	20			
学生姓名		综合评分			
指导教师		日期			

八、巩固与练习

1. 填空题

（1）标注软件是指专门用于在图片上进行________的软件。

（2）标注软件提供长度、________和________等用于测量的基本工具，并自动记录长度、色号、坐标值以及对应的测量点、线段和箭头。

（3）常用的标注软件有 PxCook 像素大厨、________和________三种。

（4）标注软件通常包含________、________、________、________和____________等基本工具。

（5）使用 PxCook 标注软件，可以使用左侧工具栏中的__________测量黄色区域的尺寸。

2. 选择题

（1）下列选项中，（　　）不属于常用标注软件。

A. PxCook　　B. 马克鳗　　C. 摹客　　D. Postman

（2）使用 PxCook 标注软件时，可以使用（　　）组合键放大显示比例。

A. Ctrl +"+"　　B. "+"　　C. Ctrl +"−"　　D. Alt +"+"

（3）在本任务中打开 PxCook 并新建项目后，选择（　　）作为代码输出。

A. Web　　B. IOS　　C. Android　　D. MacOS

（4）标注软件具有智能生成（　　）代码的功能。

A. Java　　B. XML　　C. Py　　D. CSS

（5）使用 PxCook 标注软件时，可以选择左侧工具栏中的（　　）工具测量效果图宽度。

A. 长度　　B. 宽度　　C. 距离　　D. 区域标注

3. 判断题

（1）单人完成任务时，在本地使用 PxCook 新建项目时，应选择"创建本地项目"。（　　）

（2）若想导入效果图到工作区，可以把效果图拖放到工作区，或者单击主界面右上角的"添加"按钮后选择效果图文件。（　　）

（3）在 PxCook 的距离工具中，尺寸界线延长线为红色短实线。（　　）

（4）在 PxCook 的颜色标注中，测量可得背景色的显示格式为类似（255，255，

255）的格式。 （ ）

4. 操作题

根据所给素材，使用标注工具完成图 3-1-3 所示教学视频浏览页面的标注。

图 3-1-3 教学视频浏览页面

任务 2
移动端页面 rem 方式布局

一、实训任务介绍

“环境保护宣传页”页面结构已经定义完毕，内容素材已添加完成，现需要 Web 前端设计师使用 rem 布局方式，修饰页面布局，根据提供的素材得到图 3-1-1 所示的效果图。具体要求如下：

1. 使用 rem 布局方式实现页面布局。
2. 预览“环境保护宣传页”页面，调整显示大小，验证 rem 布局方式是否起作用。

二、实训任务分析

要完成本实训任务，应按照图 3-2-1 所示思维导图复习教材中学到的知识和技能。

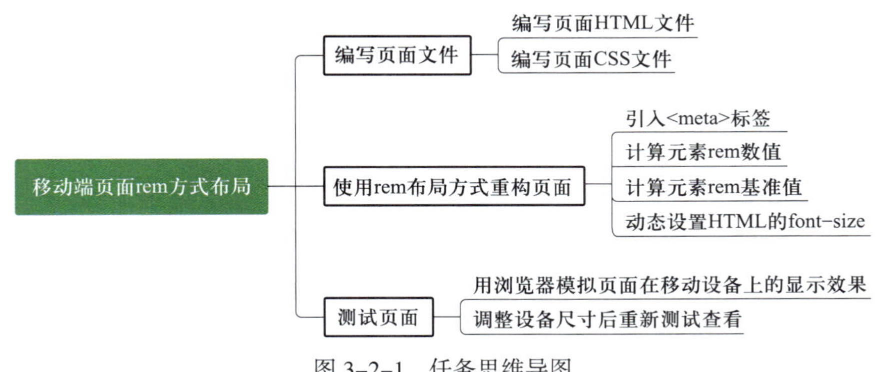

图 3-2-1　任务思维导图

本实训任务是根据项目三任务 1 中所完成的“环境保护宣传页”页面结构，采用 rem 布局方式编辑 CSS 代码实现页面布局，使用浏览器模拟页面在不同尺寸的移动设备上的显示效果，最终实现可以适应多种页面大小的“环境保护宣传页”页面效果，如图 3-1-1 所示。在完成任务的过程中，应注意计算元素 rem 基准值和元素 rem 数值的区别。

三、实训计划制订

根据实训任务分析，学生通过小组讨论制订本实训任务的实训计划，并填入表 3-2-1 中。

表 3-2-1　工作计划

序号	工作内容	所需时间	备注

四、操作步骤提示

本实训任务的操作步骤提示见表 3-2-2。

表 3-2-2　操作步骤提示

序号	操作步骤	内容
1	编写页面结构 CSS 代码	以传统布局方式实现页面效果
2	引入 <meta> 标签	根据列表标签表，引入 <meta> 标签
3	计算元素 rem 数值	根据根元素字体和 div 大小计算 rem 数值
4	计算元素 rem 基准值	根据移动设备屏幕尺寸大小计算 rem 基准值
5	动态设置 HTML 的 font-size	利用 Java script 动态设置页面 font-size
6	查看显示效果	在浏览器中模拟在移动设备上的显示效果

五、操作要点记录

在表 3-2-3 中记录本实训任务的操作要点。

表 3-2-3　操作要点记录

序号	操作要点	备注

六、运行与验证记录

运行并验证 rem 布局 CSS 代码，排除出现的错误，并在表 3-2-4 中做好记录。

表 3-2-4　运行与验证记录

序号	出现错误	错误原因	处理方法

七、实训评价

本实训任务完成后，学生展示移动端页面 rem 方式布局效果，解说在完成任务过程中的心得体会。展示结束后，从职业素养、专业能力、工作成果等方面对该实训任务进行评价，采用自我评价、小组评价、教师评价相结合的多元评价方式，见表 3-2-5。

表 3-2-5　实训评价

序号	评价内容	配分 / 分	评价分数		
			自我评价（占比 30%）	小组评价（占比 30%）	教师评价（占比 40%）
1	对实训任务的分析准确到位	10			
2	软件运用熟练，操作得当	10			

续表

序号	评价内容	配分 / 分	评价分数		
			自我评价（占比 30%）	小组评价（占比 30%）	教师评价（占比 40%）
3	能叙述 rem 的概念和优点	10			
4	能叙述用 rem 方式进行布局的步骤	10			
5	能用 rem 方式布局移动端页面	40			
6	能用浏览器模拟移动设备，并正确预览页面效果	20			
学生姓名		综合评分			
指导教师		日期			

八、巩固与练习

1. 填空题

（1）由 rem 的概念可知，rem 是相对于根元素字体大小的________数值。

（2）用 Google Chrome 浏览器打开页面，按________组合键可以打开开发者工具。

（3）rem 可以设置在作用于非根元素时，相对于________；在作用于根元素时，相对于其________。

（4）通常使用屏幕大小的________作为页面基准值。

（5）rem 布局 <meta> 标签中的 initial-scale 是指________。

2. 选择题

（1）rem 是 CSS 3 引入的一个（　　）单位。

A．绝对　　B．相对

C．固定　　D．确定

（2）rem 布局的优点是（　　）。

A．可以缩放网页　　B．美化界面

C．能等比例缩放网页　　D．操作简单

（3）rem 全称为“font size of the root element”，意思是根据网页的（　　）元素

来设置字体的大小。

A．全局 B．局部 C．主页 D．根

（4）rem 布局是一种移动端适配方案，在布局过程中，可以先把元素大小从以（ ）为单位的固定数值换算成以 rem 为单位的相对于根字体大小的数值。

A．dx B．px C．sx D．lx

（5）某网页效果图中的根元素字体大小为 16 px，现有一个长、宽均为 160 px 的 div，根据公式，可以计算得出该网页根元素字体 rem 数值大小为 1 rem，div 元素 rem 数值为（ ）rem。

A．10 B．12 C．14 D．16

3．判断题

（1）<meta> 标签中的 name 用来声明浏览器窗口的内容区域。（ ）

（2）<meta> 标签中的 width=device-width 是指浏览器窗口宽度等于设备宽度。（ ）

（3）语句“let htmlWidth = document.documentElement.clientWidth || document.body.clientWidth;”用来获取 HTML 的 DOM。（ ）

（4）在实际应用中，网页会在不同屏幕大小的设备上运行，效果图也是基于不同尺寸的移动设备屏幕大小来设计的。（ ）

（5）调整设备尺寸时，要在设备工具栏中设置模拟的设备为响应式（Responsive）。（ ）

4．操作题

根据所给素材，完成图 3-1-3 所示教学视频浏览页面的 rem 方式页面布局。

任务 3 移动端页面多媒体元素与动态交互效果添加

一、实训任务介绍

“环境保护宣传页”移动端页面布局已经完成，并通过 rem 方式对不同屏幕大小的移动设备进行了适配。现需要在“环境保护宣传页”页面添加多媒体元素与动态交互效果，增加页面的趣味性和互动性。具体要求如下：

1. 添加 CSS 3 动画效果。
2. 添加相册动态交互效果。
3. 搭建服务器，测试页面动画和交互效果。

二、实训任务分析

要完成本实训任务，应按照图 3-3-1 所示思维导图复习教材中学到的知识和技能。

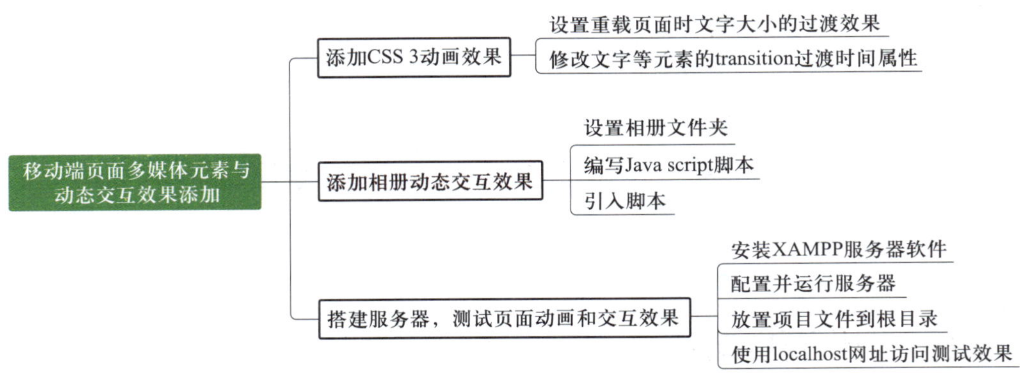

图 3-3-1　任务思维导图

本实训任务是根据项目三任务 1 和任务 2 所完成的“环境保护宣传页”页面结构，使用 CSS 控制 HTML 标签，修饰页面布局，添加 CSS 3 动画效果，使用 CSS 3 添加相册动态交互效果并实现轮播图动画，搭建服务器，测试页面动画和交互效果，最终实现“环境保护宣传页”页面效果，如图 3-1-1 所示。在完成任务的过程中，应注意 CSS 3 过渡属性 transition 和动画属性 animation 的语法及使用方法。

三、实训计划制订

根据实训任务分析，学生通过小组讨论制订本实训任务的实训计划，并填入表 3-3-1 中。

表 3-3-1　实训计划

序号	工作内容	所需时间

四、操作步骤提示

本实训任务的操作步骤提示见表 3-3-2。

表 3-3-2　操作步骤提示

序号	操作步骤	内容
1	添加 CSS 3 动画效果	每次载入页面或者改变屏幕大小时设置过渡效果
2	添加轮播图动态交互效果	使用 CSS 3 添加轮播图动态交互效果
3	搭建服务器，测试页面动画和交互效果	测试页面动画和交互效果

五、操作要点记录

在表 3-3-3 中记录本实训任务的操作要点。

表 3-3-3　操作要点记录

序号	操作要点	备注

六、运行与验证记录

运行并验证 CSS 3 交互代码，排除出现的错误，并在表 3-3-4 中做好记录。

表 3-3-4　运行与验证记录

序号	出现错误	错误原因	处理方法

七、实训评价

本实训任务完成后，学生展示移动端页面多媒体元素与动态交互效果添加效果，解说在完成任务过程中的心得体会。展示结束后，从职业素养、专业能力、工作成果等方面对该实训任务进行评价，采用自我评价、小组评价、教师评价相结合的多元评价方式，见表 3-3-5。

表 3-3-5　实训评价

序号	评价内容	配分 / 分	评价分数		
			自我评价（占比 30%）	小组评价（占比 30%）	教师评价（占比 40%）
1	对实训任务的分析准确到位	10			
2	软件运用熟练，操作得当	10			

续表

序号	评价内容	配分 / 分	评价分数		
			自我评价（占比 30%）	小组评价（占比 30%）	教师评价（占比 40%）
3	能叙述 CSS 3 动画实现原理	10			
4	能叙述动态交互效果的概念	10			
5	能使用动态交互效果布局页面	40			
6	能正确预览页面效果	20			
学生姓名		综合评分			
指导教师		日期			

八、巩固与练习

1. 填空题

（1）transition-property 的作用是指定________或________模拟的 CSS 属性。

（2）animation-iteration-count 的作用是____________________。

（3）动态交互效果是指网站页面根据用户的行为和特点而做出以视觉为主的页面变化，包括位置、大小、颜色变化、屏幕大小适配、__________、__________等。

（4）动态交互效果可以通过 CSS 伪类、____________脚本、服务器脚本、数据库等方式实现。

（5）页面设置了文字大小，同时给所有的元素添加了过渡时间属性，从而产生了________效果。

2. 选择题

（1）下列选项中属于 CSS 3 过渡属性的是（　　）。

A. transition　　B. animation

C. transmit　　D. length

（2）下列选项中不属于过渡属性的是（　　）。

A. transition-property　　B. transition-duration

C. transition-timing-function　　D. transition-calculate

（3）CSS 3 动画特指使用（　　）新增的动画功能模块制作的动画，区别于使用

Flash 和 Java script 制作的动画。

A．HTML　　B．CSS 3

C．Java　　D．XML

（4）transition-timing-function 的作用是（　　）。

A．指定完成动画的函数　　B．指定完成动画所需的时间

C．指定动画的结束时间　　D．指定动画完成轮播所需的时间

（5）transition-delay 的作用是（　　）。

A．指定动画的结束时间　　B．指定动画开始出现的时间

C．指定动画的时长　　D．指定动画开始出现的延迟时间

3. 判断题

（1）transition 不允许 CSS 的属性值在一定的时间区间内平滑过渡。（　　）

（2）animation-name 取值为 0 用于指定有没有动画（可用于覆盖来自级联的动画）。（　　）

（3）过渡属性是一个复合属性，由 transition-property、transition-duration、transition-timing-function 和 transition-delay 四个子属性组成。（　　）

（4）animation-duration 默认值为 0 意味着没有动画效果。（　　）

（5）transition 允许 CSS 的属性值在一定的时间区间内平滑地过渡，先声明元素触发状态样式，再声明元素初始状态样式和过渡属性。触发状态包括鼠标单击、获得焦点、被单击或对元素的任何改变，可实现过渡效果。（　　）

4. 操作题

根据所给素材，完成图 3-1-3 所示教学视频浏览页面多媒体元素和动态交互效果的添加。

项目四
“校园网”响应式页面布局

任务 1
响应式页面规划

一、实训任务介绍

某学校为方便广大师生使用校园网站，更好地宣传校园文化，决定对校园网站进行改版，其中，校园网站主页要求适配计算机端（1 024 px）、平板端（760 px）和手机端（480 px），主页页面效果如图 4-1-1 所示。内容素材已准备就绪，现需要 Web 前端设计师分析和规划页面。具体要求如下：

1. 分析和规划计算机端（1 024 px）页面。
2. 分析和规划平板端（760 px）页面。
3. 分析和规划手机端（480 px）页面。
4. 编写页面结构代码。

二、实训任务分析

要完成本实训任务，可按照图 4-1-2 所示的思维导图复习教材中学到的知识和技能。

为完成本任务，需先根据图 4-1-1 所示的某校园网站主页页面效果图，分析主页页面的布局及内容，再规划页面结构，确定每个内容区域和元素的位置、尺寸，运用绘图软件等辅助工具软件绘制页面结构图，然后新建 index.html，编写主页页面结构代码。

在完成任务的过程中，在页面规划时注意应按照从整体到局部、自上而下、从左到右的顺序；在绘制页面结构图时，要注意计算机端主页页面宽度为 1 024 px、平板端主页页面宽度为 760 px、手机端主页页面宽度为 480 px；编写页面结构代码时，注意通过 <meta> 标签引入 viewport 属性，处理可见视口与布局视口的关系以及 div 嵌套的用法。此外，在完成任务的过程中，应注意响应式网页设计的原则及视口的常用属性。

图 4-1-1 某校园网站主页页面效果

a）计算机端 b）平板端 c）手机端

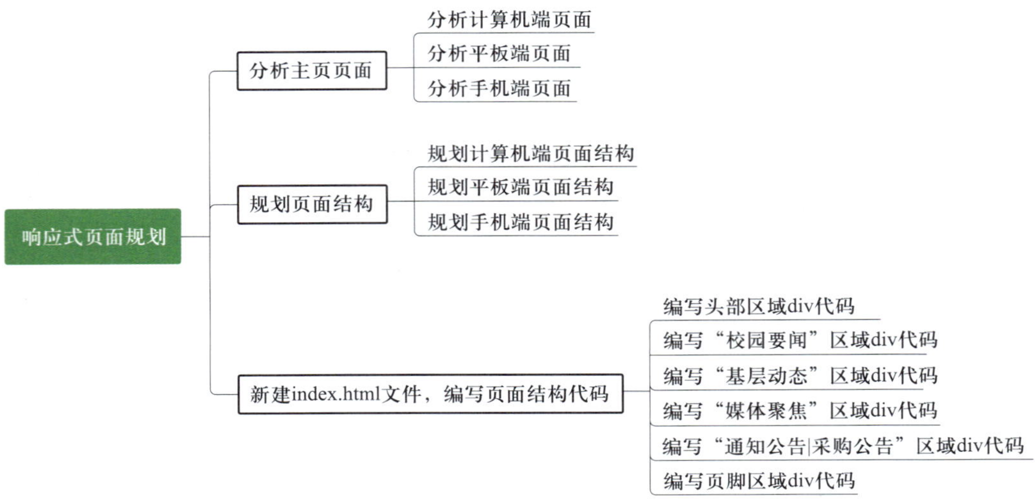

图 4–1–2　任务思维导图

三、实训计划制订

根据实训任务分析，学生通过小组讨论制订本实训任务的实训计划，并填入表 4–1–1 中。

表 4–1–1　实训计划

序号	工作内容	所需时间

四、操作步骤提示

本实训任务的操作步骤提示见表 4–1–2。

表 4–1–2　操作步骤提示

序号	操作步骤	内容
1	分析主页页面	分析主页页面包含的内容区域
2	规划计算机端主页页面结构	确定计算机端主页页面宽度为 1 024 px，绘制页面结构图

续表

序号	操作步骤	内容
3	规划平板端主页页面结构	确定平板端主页页面宽度为 760 px，绘制页面结构图
4	规划手机端主页页面结构	确定手机端主页页面宽度为 480 px，绘制页面结构图
5	编写主页页面结构代码	新建 index.html，编写主页页面结构代码

五、操作要点记录

在表 4-1-3 中记录本实训任务的操作要点。

表 4-1-3　操作要点记录

序号	操作要点	备注

六、运行与验证记录

运行并验证某校园网站主页 div 代码，排除出现的错误，并在表 4-1-4 中做好记录。

表 4-1-4　运行与验证记录

序号	出现错误	错误原因	处理方法

七、实训评价

本实训任务完成后，学生展示响应式页面规划效果，解说在完成任务过程中的心得体会。展示结束后，从职业素养、专业能力、工作成果等方面对该实训任务进行评价，采用自我评价、小组评价、教师评价相结合的多元评价方式，见表 4-1-5。

表 4-1-5 实训评价

序号	评价内容	配分 / 分	评价分数		
			自我评价（占比 30%）	小组评价（占比 30%）	教师评价（占比 40%）
1	对实训任务的分析准确到位	10			
2	软件运用熟练，操作得当	10			
3	能叙述响应式网页的设计方法和设计原则	20			
4	能叙述视口的概念并列举视口的常用属性	20			
5	能正确分析某校园网响应式页面结构	20			
6	能正确规划某校园网响应式页面结构	20			
学生姓名		综合评分			
指导教师		日期			

八、巩固与练习

1. 填空题

（1）______是指浏览器窗口内的内容区域，不包含工具栏、标签栏等区域，就是网页实际显示的区域。

（2）移动浏览器中的视口分为__________和__________两种。

（3）移动浏览器中通过__________标签引入__________属性，处理可见视口与布局视口的关系。

（4）视口常用属性中的________________用于设定用户是否可以缩放。

（5）使用________框架可以更快捷地实现网页的响应式设计。

2. 选择题

（1）下列选项中不属于响应式网页主要特点的是（　　）。

A．能根据不同的设备，让网页内容进行自适应展示

B．能自动切换分辨率，但不能自动切换图片尺寸

C．能让用户在不同设备上友好地浏览网页内容

D．能提供舒适的界面和完美的用户体验

（2）下列语句中的 viewport 表示屏幕的（　　）。

```
< meta name="viewport"
content="width=device-width,
initial-scale=1.0,
maximum-scale=1.0,
user-scalable=0">
```

A．总大小　　　　　　B．可视区域

C．指定元素的可见大小　　　　　　D．指定元素的大小

（3）响应式网页的页面能自动切换（　　），从而提升用户体验满意度。

A．分辨率　　　　　　B．图片尺寸

C．相关脚本功能　　　　　　D．以上选项都对

（4）下列选项中（　　）不是响应式网页设计时应遵循的原则。

A．简洁的菜单方便用户迅速找到所需功能

B．选择系统字体和响应式图片设计，使网页能尽快加载

C．清晰简短的表单项和便捷的自动填写功能，方便用户填写并提交

D．绝对长度单位让网页能够在各种视口规格之间任意转换

（5）用于设定页面初始缩放比例的视口属性是（　　）。

A．initial　　　　　　B．user-scalable

C．minimum-scale　　　　　　D．maximum-scale

3. 判断题

（1）width 用于设定布局视口长度。（　　）

（2）使用媒体查询适配对应样式，即通过不同的媒体类型和条件定义样式表的规则，使浏览器根据指定的视图宽度渲染页面。（　　）

（3）桌面浏览器中的视口只有一个，就是浏览器主窗口的区域。（　　）

（4）可见视口就是布局视口。（　　）

（5）maximum-scale 用于设定最大放大比例，因此，其值可以设置为 100。（　　）

4. **操作题**

某景点旅游网站计划改版，改版后的网站主页的计算机端、平板端和手机端页面效果如图 4-1-3 至图 4-1-5 所示，请规划该网站的主页页面结构，新建 HTML 文件，编写页面结构代码。

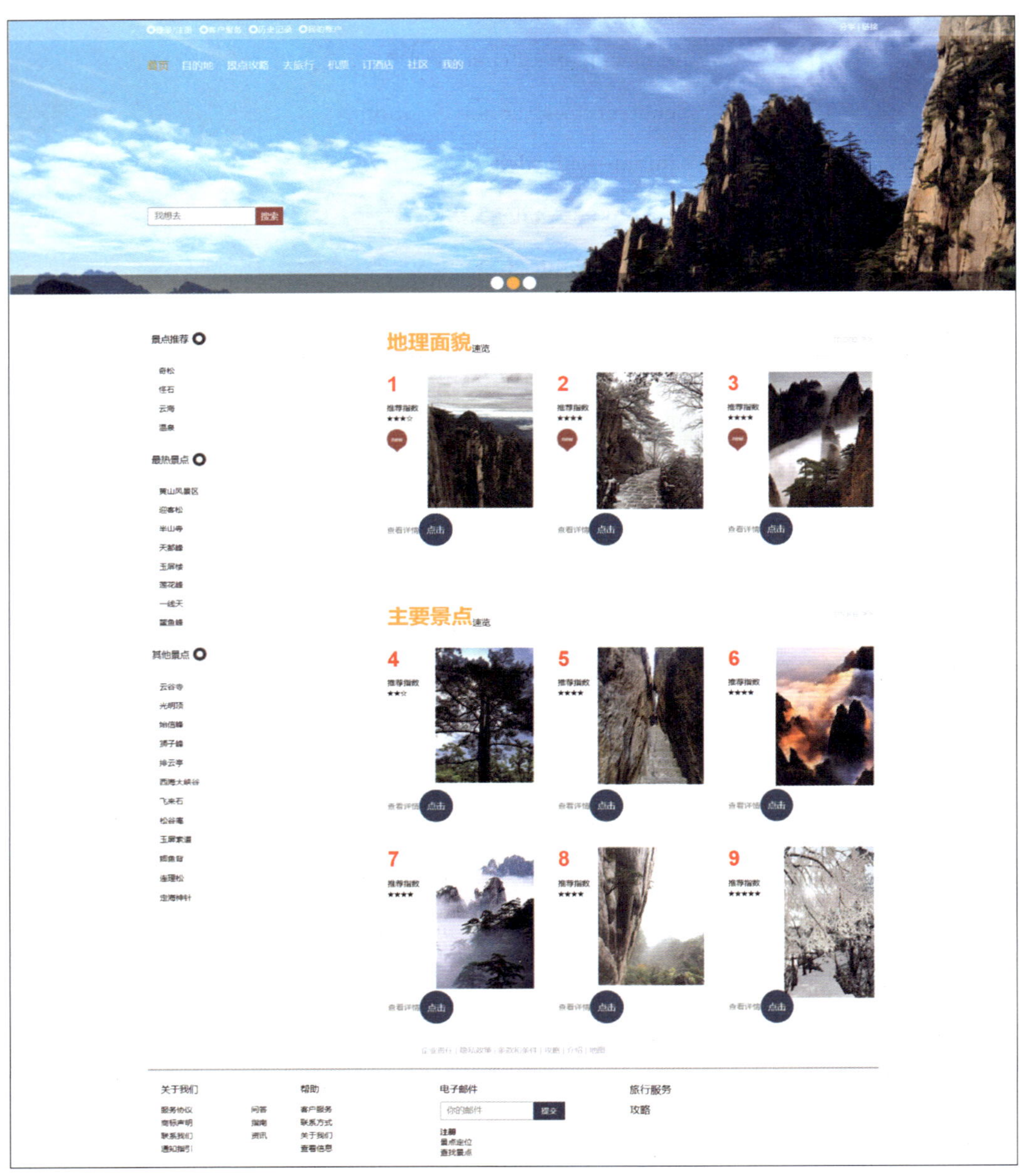

图 4-1-3　某景点旅游网站计算机端（1 024 px）主页页面效果

图 4-1-4　某景点旅游网站平板端（760 px）主页页面效果

图 4-1-5　某景点旅游网站手机端（480 px）主页页面效果

任务 2 响应式页面媒体查询应用

一、实训任务介绍

通过页面分析与规划，某校园网站主页页面的布局结构已确定，内容素材也已准备就绪，现需要 Web 前端设计师使用媒体查询进行响应式页面布局，效果如图 4-1-1 所示。具体要求如下：

1. 使用 HTML 语义化标签定义页面结构。
2. 使用媒体查询知识点定义 CSS 样式，进行页面布局。
3. 编写规范化 HTML 标签和 CSS 代码。

二、实训任务分析

要完成本实训任务，可按照图 4-2-1 所示的思维导图复习教材中学到的知识和技能。

为完成本任务，需在完成项目四任务 1 的基础上，先打开项目中的 CSS 目录，创建 CSS 样式文件，再引用 CSS 样式文件，最后根据图 4-1-1 所示的某校园网站主页页面效果图所呈现的样式，编写媒体查询等 CSS 代码，最终实现效果图中所显示的响应式网页。

在完成任务的过程中，在创建 CSS 样式文件时，注意分类创建样式文件，例如，media.css 用于存放媒体查询样式代码、font.css 用于存放字体样式代码等；在引用 CSS 样式文件时，注意使用外联方式进行引用，可以让项目代码更加简洁、清晰；在编写 CSS 代码时，注意媒体查询的语法，例如，使用 and、not、only 等逻辑关键字将媒体类型和媒体特性表达式串起来形成逻辑表达式，以区分当前浏览器的运行环境。此外，在完成任务的过程中，应注意媒体查询的语法和引用方式的选用。

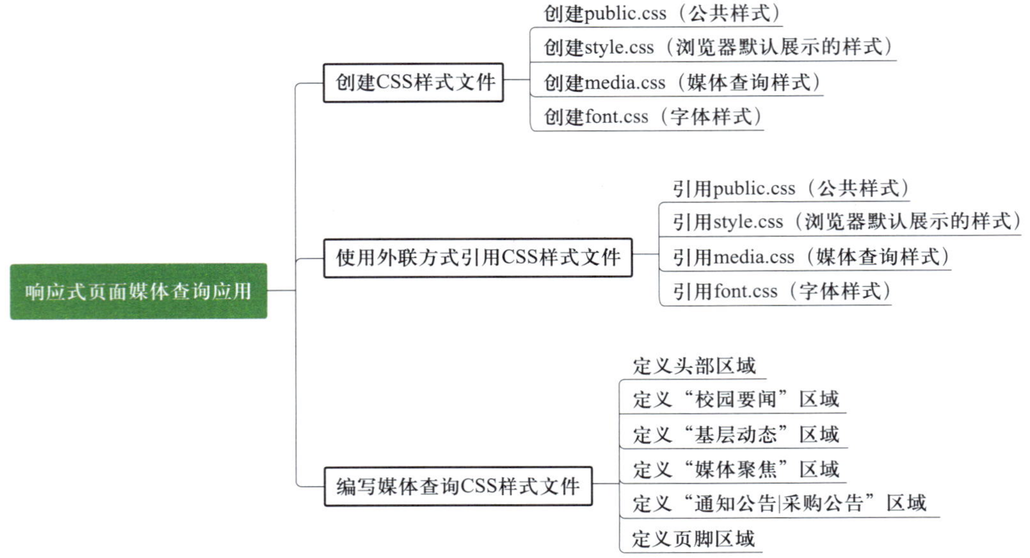

图 4-2-1　任务内容思维导图

三、实训计划制订

根据实训任务分析，学生通过小组讨论制订本实训任务的实训计划，并填入表 4-2-1 中。

表 4-2-1　实训计划

序号	工作内容	所需时间

四、操作步骤提示

本实训任务的操作步骤提示见表 4-2-2。

表 4-2-2 操作步骤提示

序号	操作步骤	内容
1	创建 CSS 样式文件	打开项目中的 CSS 目录，创建 media.css、font.css 等 CSS 样式文件
2	引用 CSS 样式文件	使用外联方式引用 CSS 样式文件
3	编写媒体查询 CSS 样式文件	编写媒体查询（media.css）等 CSS 样式文件，包括定义头部区域、“校园要闻”区域、“基层动态”区域、“媒体聚焦”区域、“通知公告 I 采购公告”区域和页脚区域

五、操作要点记录

在表 4-2-3 中记录本实训任务的操作要点。

表 4-2-3 操作要点记录

序号	操作要点	备注

六、运行与验证记录

运行并验证某校园网站主页页面布局的代码，排除出现的错误，并在表 4-2-4 中做好记录。

表 4-2-4 运行与验证记录

序号	出现错误	错误原因	处理方法

七、实训评价

本实训任务完成后，学生展示响应式页面媒体查询应用效果，解说在完成任务过程中的心得体会。展示结束后，从职业素养、专业能力、工作成果等方面对该实训任务进行评价，采用自我评价、小组评价、教师评价相结合的多元评价方式，见表 4-2-5。

表 4-2-5　实训评价

序号	评价内容	配分 / 分	评价分数		
			自我评价（占比 30%）	小组评价（占比 30%）	教师评价（占比 40%）
1	对实训任务的分析准确到位	10			
2	软件运用熟练，操作得当	10			
3	能叙述媒体查询的概念	15			
4	能叙述媒体查询的语法	15			
5	能使用媒体查询语法定义 CSS 样式，进行某校园网站主页页面布局	30			
6	能正确预览页面效果	20			
学生姓名		综合评分			
指导教师		日期			

八、巩固与练习

1. 填空题

（1）媒体查询的一般结构以__________开头，利用逻辑关键字将媒体类型和媒体特性表达式串联起来形成逻辑表达式，判断是否满足当前浏览器的运行环境。

（2）在媒体查询条件中，如果要指定查询只适用于某种设备或情形，可以使用关键字______。

（3）媒体类型只能识别显示设备的类型，还需要针对运行设备检测__________。

（4）____________用来判断设备环境参数，从而确定执行相应的 CSS 样式代码来改变页面元素的样式。

（5）逻辑媒体查询中使用逗号分隔效果等同于逻辑运算符中的________运算条件。

2. 选择题

（1）下列选项中，关于 CSS 3 提供的常见媒体类型“screen”的描述正确的是（　　）。

A. 全部媒体类型（默认值）　　B. 计算机屏幕

C. 打印或打印预览　　D. 屏幕阅读器

（2）在媒体查询特性中，（　　）用于定义设备分辨率。

A. max-width　　B. min-width

C. resolution　　D. orientation

（3）在媒体查询条件中，如果要排除某种设备或情形，可以使用（　　）关键字。

A. and　　B. but　　C. not　　D. only

（4）响应式网页往往包含多个（　　）语句，用于适配不同的显示条件。

A. 网格　　B. 媒体查询　　C. 地址跳转　　D. 多媒体

（5）在媒体查询条件中，如果要指定查询适用于多种情形，可以用关键字（　　）来连接。

A. not　　B. only　　C. and　　D. but

3. 判断题

（1）在媒体查询特性中，属性 orientation 用于定义输出设备中的显示方向。（　　）

（2）在响应式网页中使用媒体查询实现响应效果时，媒体类型名称不区分大小写。（　　）

（3）在媒体查询条件中，如果要指定查询只适用于某种设备或情形，可以使用关键字 all。（　　）

（4）如果媒体查询中指定的媒体类型匹配展示文档所使用的设备类型，并且所有表达式的值都是 true，那么该媒体查询的结果为 true。（　　）

（5）媒体查询的声明很灵活，即便不放在普通样式后面，声明同样能起作用。（　　）

4. 操作题

新建 HTML 和 CSS 文件，编写 HTML 和 CSS 代码，应用媒体查询方式完成图 4-1-3 至图 4-1-5 所示的某景点旅游网站计算机端、平板端和手机端的主页页面效果。

任务 3
响应式页面 Bootstrap 应用

一、实训任务介绍

通过页面分析与规划，某校园网站主页页面的布局结构已确定，内容素材也已准备就绪，现需要 Web 前端设计师使用 Bootstrap 进行响应式页面布局。具体要求如下：

1. 使用 Bootstrap 定义页面结构。
2. 使用 Bootstrap 定义内容页面的组成部分。
3. 编写规范化 Bootstrap 编码。

二、实训任务分析

要完成本实训任务，应按照图 4-3-1 所示的思维导图复习教材中学到的知识和技能。

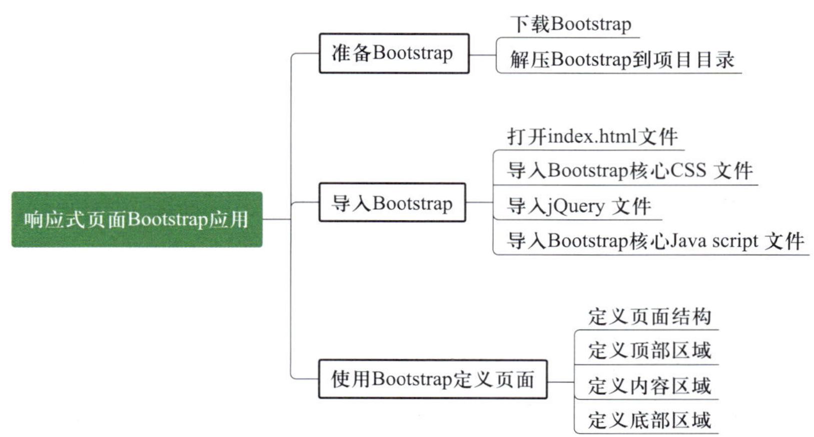

图 4-3-1　任务思维导图

为完成本任务，需在完成项目四任务 1 的基础上，先下载 Bootstrap，再将其解压缩到项目目录，然后用 <link> 标签导入 Bootstrap 文件，最后根据图 4-1-1 所示的某校园网站主页页面效果图所呈现的样式，使用 Bootstrap 定义页面结构和各页面区域，最终实现效果图中所显示的响应式网页。

在完成任务的过程中，在下载 Bootstrap 时，注意从 https://v3.bootcss.com/ 下载 Bootstrap 的最新版本；将下载好的 Bootstrap 压缩包解压缩时，注意要解压到项目目录，以便导入；在用 <link> 标签导入 Bootstrap 文件时，注意 Bootstrap 核心 CSS 文件的引入格式。此外，在完成任务的过程中，应注意 Bootstrap 栅格系统的使用方法。

三、实训计划制订

根据实训任务分析，学生通过小组讨论制订本实训任务的实训计划，并填入表 4-3-1 中。

表 4-3-1　实训计划

序号	工作内容	所需时间

四、操作步骤提示

本实训任务的操作步骤提示见表 4-3-2。

表 4-3-2　操作步骤提示

序号	操作步骤	内容
1	定义页面结构	创建 HTML 文件，定义某校园网站主页页面结构
2	定义顶部区域	定义头部区域
3	定义内容区域	定义“校园要闻”“基层动态”“媒体聚焦”“通知公告 | 采购公告”区域
4	定义底部区域	定义页脚区域

五、操作要点记录

在表 4-3-3 中记录本实训任务的操作要点。

表 4-3-3　操作要点记录

序号	操作要点	备注

六、运行与验证记录

运行并验证某校园网站主页页面 Bootstrap 编码，排除出现的错误，并在表 4-3-4 中做好记录。

表 4-3-4　运行与验证记录

序号	出现错误	错误原因	处理方法

七、实训评价

本实训任务完成后，学生展示响应式页面 Bootstrap 应用效果，解说在完成任务过程中的心得体会。展示结束后，从职业素养、专业能力、工作成果等方面对该实训任务进行评价，采用自我评价、小组评价、教师评价相结合的多元评价方式，见表 4-3-5。

表 4-3-5　实训评价

序号	评价内容	配分 / 分	评价分数		
			自我评价（占比 30%）	小组评价（占比 30%）	教师评价（占比 40%）
1	对实训任务的分析准确到位	10			
2	软件运用熟练，操作得当	10			
3	能叙述 Bootstrap 的相关概念	10			
4	能叙述无障碍网页的作用及特点	10			
5	能叙述 Bootstrap 的基本操作方法	20			
6	能使用 Bootstrap 进行响应式页面布局	20			
7	能正确浏览页面效果	20			
学生姓名		综合评分			
指导教师		日期			

八、巩固与练习

1. 填空题

（1）__________是美国 Twitter 公司的设计师 Mark Otto 和 Jacob Thornton 合作开发的基于 HTML、CSS、Java script 的前端开发框架。

（2）_______可以让屏幕阅读器准确识别网页中的内容和变化等，让盲人也能无障碍阅读。

（3）Bootstrap 框架的作用主要体现在____________、____________________、____________________三个方面。

（4）Bootstrap 中包含了丰富的________，根据这些组件，可以快速搭建一个漂亮、功能完善的网站。

（5）Bootstrap 自带了 13 个________插件，这些插件为 Bootstrap 中的组件赋予了“生命”。

2. 选择题

（1）使用 Bootstrap 时，只需要用（　　）标签导入 Bootstrap 文件即可。

A. <script >　　B. <link>　　C. <meta>　　D. <body>

（2）Bootstrap 提供了一套响应式、移动设备优先的流式栅格系统，随着屏幕或视口尺寸的增加，系统会自动分为最多（　　）列。

A. 10　　B. 11　　C. 12　　D. 13

（3）栅格系统中的列通过指定（　　）的值来表示其跨越的范围。

A. 1~12　　B. 1~14　　C. 1~16　　D. 1~18

（4）Bootstrap 栅格系统相关参数包括（　　）。

A. 栅格系统行为　　B. 最大宽度

C. 类前缀　　D. 以上选项都对

（5）Bootstrap 中的媒体查询允许基于视口大小（　　）内容。

A. 移动　　B. 显示

C. 隐藏　　D. 以上选项都对

3. 判断题

（1）前端开发框架 Bootstrap 简洁、直观、功能强大，使 Web 开发更加快捷。（　　）

（2）Bootstrap 最大的优势是能进行响应式页面布局和 CSS 媒体查询，使开发者可以方便地让网页在计算机和手机上获得最佳的用户体验。（　　）

（3）在网页设计中，栅格是一种由一系列用于组织内容的相交的直线组成的结构。（　　）

（4）栅格类仅适用于屏幕宽度大于分界点大小的设备。（　　）

（5）Bootstrap 的 ARIA 可以让盲人用户知道模拟控件的类型，例如，知道使用 <li> 标签是用来模拟标准 select 控件，知道模拟的 select 控件是单选还是多选等。（　　）

4. 操作题

运用 Bootstrap 完成图 4-1-3 至图 4-1-5 所示某景点旅游网站计算机端、平板端和手机端的主页页面布局效果。